U0482970

杨靖宇亲切地关怀着少年铁血队小战士们的成长,教他们学文化、练本领,小战士们亲热地叫他"胡子伯伯"。

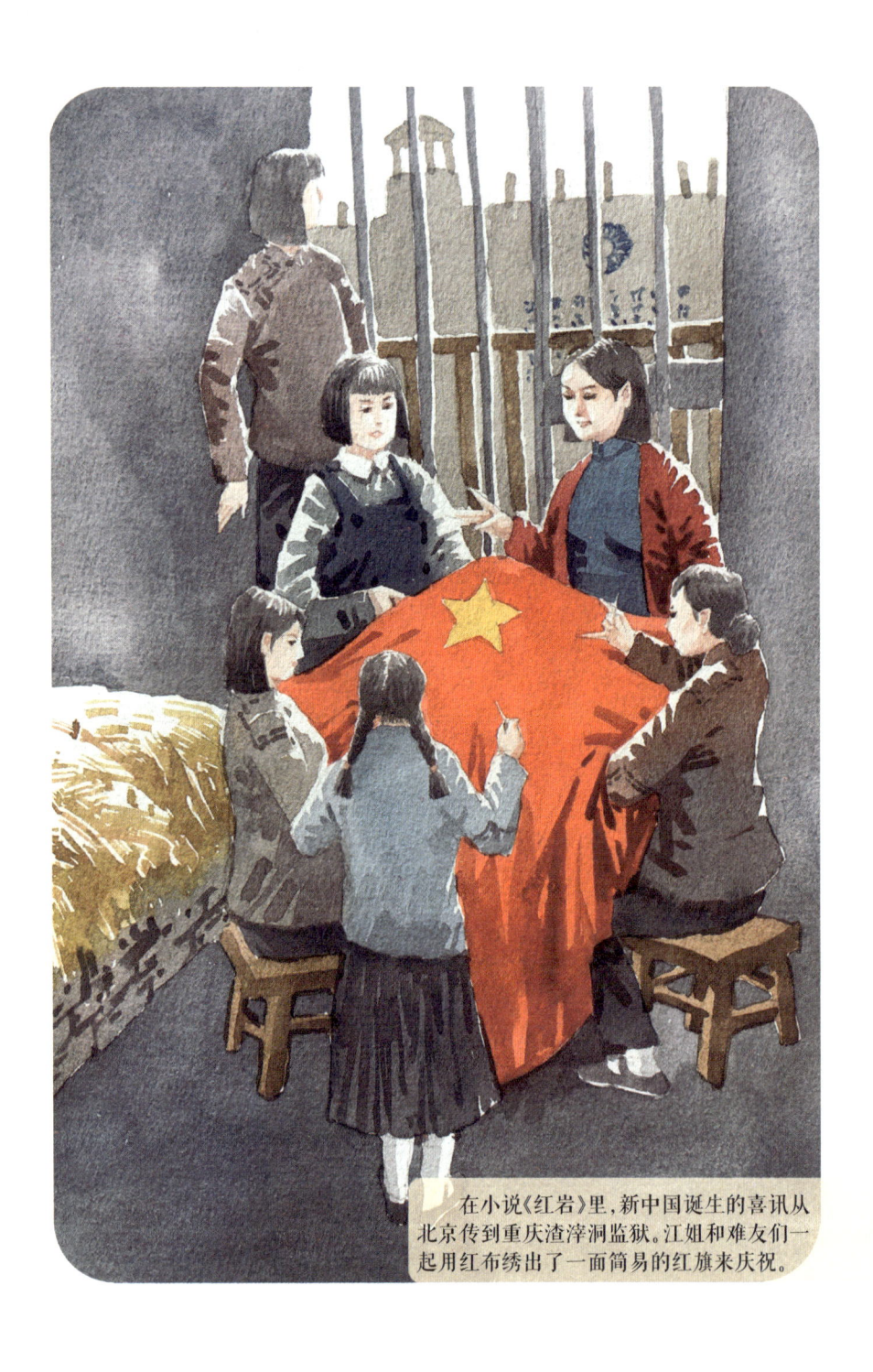

在小说《红岩》里,新中国诞生的喜讯从北京传到重庆渣滓洞监狱。江姐和难友们一起用红布绣出了一面简易的红旗来庆祝。

王朴结合农村的需要办起了农民夜校。一到夜晚,附近的农民就举着火把从几公里外赶来学习……

董存瑞在郅顺义等战友的掩护下疾速跃进,猛地一下跳进干河沟,几步就蹿到了桥形碉堡下。

正气歌·百年党史家风故事

革命先烈的家风故事

徐鲁 著

天津出版传媒集团

新蕾出版社

图书在版编目(CIP)数据

革命先烈的家风故事 / 徐鲁著. -- 天津：新蕾出版社, 2021.6
(正气歌·百年党史家风故事)
ISBN 978-7-5307-7212-6

Ⅰ.①革… Ⅱ.①徐… Ⅲ.①家庭道德–中国–青少年读物 Ⅳ.①B823.1-49

中国版本图书馆 CIP 数据核字(2021)第 080630 号

扫一扫 听故事

书　　名	革命先烈的家风故事　GEMING XIANLIE DE JIAFENG GUSHI
出版发行	天津出版传媒集团 新蕾出版社
	http://www.newbuds.com.cn
地　　址	天津市和平区西康路 35 号(300051)
出 版 人	马玉秀
电　　话	总编办 (022)23332422 　　发行部 (022)23332679　23332351
传　　真	(022)23332422
经　　销	全国新华书店
印　　刷	天津新华印务有限公司
开　　本	880mm×1230mm　1/32
字　　数	47 千字
印　　张	4.25
版　　次	2021 年 6 月第 1 版　2021 年 6 月第 1 次印刷
定　　价	28.00 元

著作权所有，请勿擅用本书制作各类出版物，违者必究。
如发现印、装质量问题，影响阅读，请与本社发行部联系调换。
地址：天津市和平区西康路 35 号
电话·(022)23332677　邮编·300051

写给小读者的话

让我们沿着时光的长河溯流而上,重温多年前中华大地上发生的开天辟地的一幕……

1921年7月23日至30日,中国共产党第一次全国代表大会(以下简称"一大")在上海市望志路树德里106号(今兴业路76号)秘密召开。

当时,树德里106号属于法租界,是湖北人李汉俊和他的哥哥李书城的家。李书城青年时代东渡日本求学,23岁时追随孙中山,参与筹备和组织了同

盟会。辛亥革命期间,他在武昌与黄兴并肩战斗,后来还参加了孙中山领导的护法运动,是一位激进的爱国者和革命家。他的弟弟李汉俊,是上海共产主义小组派出的一大代表。李书城全力支持和帮助弟弟李汉俊参与建党大业,为党的一大的成功召开做出了重大贡献。这也是足以写进百年党史家风故事里的一个细节。

7月23日,提前从各地来到上海的12位代表,悄悄聚集到了树德里106号。这12位代表是全国7个共产主义小组派出的,包括上海代表李达、李汉俊,北京代表张国焘、刘仁静,武汉代表董必武、陈潭秋,广州代表陈公博,长沙代表毛泽东、何叔衡,济南代表王尽美、邓恩铭和旅日代表周佛海。另外,包惠僧受陈独秀派遣也参加了会议。这13个人代表当时全国50多名共产党员。另外,还有共产国际派

来的两位代表也出席了会议，一位是荷兰人马林，另一位是俄国人尼克尔斯基。

会议在李家楼下的客厅里举行。这间铺着木地板的客厅，约有18平方米，中间摆放着一张长方形会议桌，木桌周围有12张圆木凳，两侧靠墙各摆着一张茶几和两把椅子。小小的客厅里一下子坐进了十几个人，显得有点儿拥挤，但气氛十分庄重。因为这是一项前无古人、开天辟地的伟大创举。

大会进行到7月30日的时候，会场里突然闯进了一个"包打听"（暗探）。当大家询问他来这里干什么时，他说走错了地方。其实这个人是法租界巡捕房的暗探。他的出现引起了与会人员的警觉。会议立即中断，代表们迅速分头离开。十几分钟后，租界巡捕赶来，包围并搜查了会场。幸运的是，他们没有发现任何破绽。

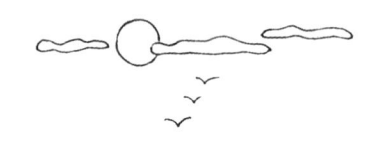

停会期间,代表们在李达的寓所商定对策。马林建议,为了安全,会议应该马上转移地点。李达的夫人王会悟是浙江嘉兴人,她参与了中共一大的筹备、会务和保卫工作。王会悟提议,会议可以转移到离上海不太远的嘉兴南湖,租一条游船继续举行,这样,代表们可以伪装成游湖的客人,把游船划到湖心就不会引起其他人的注意了。

8月3日早晨,部分代表乘上了开往嘉兴的火车。到达之后,在李达夫人王会悟的带领下,大家先到市区张家弄的鸳湖旅馆定了房间,落脚休息,又托旅馆账房雇了一条游船。

考虑到马林和尼克尔斯基是外国人,容易惹人注意,为了确保安全,他们没有去嘉兴出席最后一次会议。而广州代表陈公博是携夫人一起来上海的,住在大东旅社,没有和其他代表住在一起。就在准备去

嘉兴的前夜,大东旅社发生了一桩命案,胆小的陈公博惊恐不已,就没有去嘉兴参加最后一次会议。

夏日里的嘉兴南湖,时而天气晴朗,时而烟雨迷蒙。8月3日这天上午,一条游船慢慢向着湖心划去,然后停泊在南湖"烟雨楼"东南方向200米左右的僻静湖面上。船舱里,十几位代表继续开会,从中午11点一直开到了傍晚6点……

党的一大共召开了七次会议。共产国际的两位代表出席了第一天的会议,马林给大家介绍了共产国际的情况。他后来又出席了第六次会议。一大的会议议程包括:审议中国共产党纲领草案、审议中国共产党宣言草案、选举中国共产党全国领导机构等。代表们在南湖游船上举行了第七次会议,经过热烈和认真的讨论,会议通过了第一个《中国共产党纲领》以及《关于当前实际工作的决议》,选举产生了党的

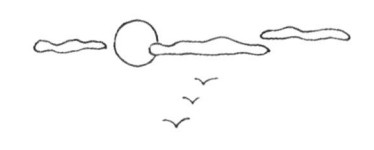

中央局作为党的领导机构。

傍晚时分,会议胜利闭幕。这时候,每一位代表的心情都格外激动,他们尽量压低声音却又坚定有力地一起喊出了足以震惊世界的口号:"共产党万岁!世界劳工万岁!第三国际万岁!共产主义万岁!"

烟雨茫茫的南湖上,桨声欸乃的游船里,伟大的中国共产党宣告诞生了!一项开天辟地的将要改变中华民族命运的伟大事业,从此开始了艰辛而漫长的征程……

这一年,毛泽东28岁,被推举为一大的书记员。多年以后,他这样评价"红船"上这历史性的一幕:"自从有了中国共产党,中国革命的面貌就焕然一新了。"

党的一大是在7月召开的,但在战争年代里,档案资料难以查寻,具体开幕日期一时无法查证,所

以,1941年在中国共产党诞生20周年之际,中共中央正式确定7月1日为党的诞生纪念日。

今天,作为一大会址的上海市兴业路76号,也被亲切地称为中国共产党的"产床";南湖上的"红船",更是成为中国共产党百年航程"起航"的象征。中国革命波澜壮阔的奋斗史,从一大开始翻开了崭新的一页……

100年来的中国共产党党史,波澜壮阔,故事万千。而100年来,一代代共产党人留下的清正、无私和艰苦奋斗的家风,更是中华民族宝贵的精神财富之一。

"正气歌·百年党史家风故事"是一套为青少年读者打造的讲述百年党史人物家风故事的读物,分为《共产党先驱者的家风故事》《老一辈革命家的家风故事》《革命先烈的家风故事》和《新中国英模人

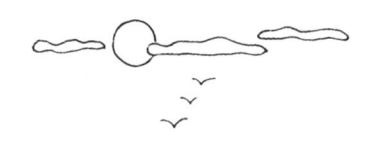

物的家风故事》四册。

"共产党先驱者"主要是指在新中国成立前就义或逝世的无产阶级革命家,他们大多是中国共产党早期革命运动的领袖,或是党的创始人,或是工人、农民、青年、妇女等运动的杰出领导人。这些先驱者和播火者,与毛泽东、周恩来、刘少奇、朱德等老一辈无产阶级革命家和新中国开国元勋一道,共同组成了中国共产党早期的领导人群体。"革命先烈"主要是指为了中华民族的独立和解放事业,为了建立新中国而上下求索、奋战不止,在新中国诞生前壮烈就义的革命烈士和献出生命的战斗英雄们。"新中国英模人物"主要指的是新中国成立后,在各行各业艰苦奋斗、无私奉献,为中华人民共和国做出了重大贡献的杰出人物、劳动模范、时代楷模、人民英雄等。

100年来,为了中华民族的独立、自由和解放事

业，为了人民的和平、幸福和安宁，为了一个强大、美好的新中国，一代代中国共产党人，尤其是艰苦岁月里的老一代革命家和仁人志士，对党的事业全力以赴，对革命理想矢志不渝，对祖国无限热爱，全心全意为人民服务；一代代优秀的中华儿女，出生入死，前赴后继。在他们身上，体现着中华民族千百年来坚韧不拔、奋发图强，虽历尽磨难却百折不挠、勇往直前、不断浴火重生的伟大精神和宝贵品质。

祖国不独立，人民不解放，何以家为？这是爱国先辈们共同的信念和理想，是每一位爱国先辈的初心、本色和无怨无悔的信念与追求。热爱祖国、坚守信仰、坚贞不屈、自强不息，革命理想高于天，全心全意为人民服务……这些崇高的情怀和宝贵的品质，也体现在这些伟大的共产党人的家庭、家教和家风之中。

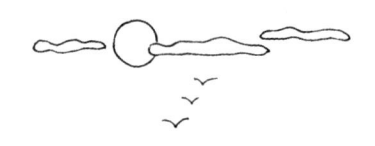

这是党的先驱者和播火者、老一辈革命家和无数的革命先烈、新中国的一代代英模人物留给我们的宝贵和永恒的精神遗产,也是对今天的少年儿童进行爱党、爱国教育最生动、最鲜活、最珍贵的"教材"。从这些真实动人的家风故事里,我们不难品读出中华民族绵延数千年的优秀传统美德,不难感受到社会主义核心价值观中许多宝贵的、值得一代代薪火相传的懿德清风。

回顾中国共产党诞生 100 年、新中国成立 70 余年波澜壮阔的伟大历程,追寻爱国先辈们经历的血与火的岁月,我们应该以史为鉴,敬仰先辈们崇高的爱国情怀,铭记国家和民族历史上的耻辱和悲伤,继承先辈们留下的优秀传统和崇高美德,自强不息,奋发图强,去实现中华民族的伟大复兴。我们更应该懂得,今天的和平、安宁和幸福的日子,是多么来之不

易！祖国的新生，人民的幸福，大地上的和平，还有孩子们的欢笑……都是无数的先贤、先辈、先烈抛头颅、洒热血，用自己宝贵的生命换来的。

"忘记历史就意味着背叛"，今天的青少年读者重温这些清正、朴素和温暖的家风故事，重温先辈们经历的烽火岁月，铭记我们的祖国和民族曾经有过的屈辱、艰辛和苦难，牢记我们的祖辈和父辈坚守的初心、理想和信念，是十分必要的。阅读这些光彩熠熠的家风故事，我们还能受到中华民族血浓于水的珍贵亲情的滋养，受到中华民族源远流长的传统美德的熏陶。

考虑到青少年读者的阅读特点，我在撰写这些家风故事时，对所涉及的人物的生平经历、家风形成的背景，以及引录的一些家书中提及的人物等，尽可能做了简明的注解、介绍和讲述，以便帮助青少年读

者更准确、更清晰地去感受和理解这些珍贵的家风之美。

徐鲁

2020 年 12 月 20 日于武昌梨园

目录

誓将真理传人寰
——夏明翰致亲人的诀别书
002　只要主义真
006　红旗一定会飘扬在祖国的蓝天
009　革命事业代代传

生离死别的时刻
——陈觉、赵云霄的狱中书
014　在狱中写下"诀别书"
020　留给襁褓里女儿的遗书

像钢铁一样坚强的人
——杨靖宇的家风故事
026　威风凛凛的"胡子伯伯"
030　杨靖宇和"少年铁血队"
035　桦树皮与"传家宝"

情真意切的"示儿书"
——赵一曼写给儿子的信
041　宁死不屈的女英雄
044　"红枪白马"的女政委
048　就义前写下的"示儿书"

盼教以踏着父母之足迹
——江竹筠的"托孤书"
052　灼灼红梅
055　我知道我该怎么样子的(地)活着
059　写在狱中的"托孤书"

毁家纾难的大义母子
——王朴的家风故事
066　黎明前的号角
070　深明大义的母亲
076　母亲的骄傲

奋斗到最后一刻
——金方昌给哥哥的家书
082　和党组织在一起,就不会迷失方向
086　为革命奋斗到最后一刻

踏着英雄的足迹
——董存瑞及其战友、外甥的故事
091　在战火中成长
099　为了新中国,冲啊!
105　亲爱的战友
111　可不能给你英雄的舅舅丢脸

誓将真理传人寰
——夏明翰致亲人的诀别书

只要主义真

"砍头不要紧,只要主义真。杀了夏明翰,还有后来人!"

这首诗掷地有声,它的作者是坚定的革命者夏明翰烈士。诗中表达了他坚贞不屈、视死如归的崇高气节,感动了一代代中国人。

1921年冬天,经毛泽东、何叔衡介绍,湖南衡阳人夏明翰加入了中国共产党。此后,他逐渐成长为我

党早期的农民运动领导人之一。1927年之后,国民党反动派对共产党人和他们领导的工农革命队伍加紧搜剿,恨不得将所有人斩尽杀绝。夏明翰在革命的紧要关头,坚定地和毛泽东等共产党的早期领导人站在一起,并肩战斗,表现出了"铁肩担道义"的担当精神。

1927年4月12日,蒋介石在上海发动了反革命政变,大肆屠杀共产党人和革命群众。夏明翰得知消息,满腔义愤地写道:"越杀胆越大,杀绝也不怕。不斩蒋贼头,何以谢天下!"

9月9日,在毛泽东的领导和指挥下,著名的秋收起义在湖南爆发。9月19日,秋收起义各路队伍在浏阳县文家市会师,毛泽东率领队伍转向江西的井冈山地区,在那里创建了农村革命根据地。

这时候,中共湖南省委委派夏明翰为平浏特委

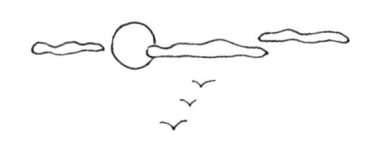

书记,他的主要任务是以平江、浏阳为中心,继续组织农民起义,配合井冈山的斗争。因为在湖南的工作做得很出色,不久,中共中央又调夏明翰到武汉,在湖北省委工作。

1928年3月,夏明翰突然得知,党的队伍里有一个秘密交通员已经不可靠了,很可能会给自己的同志带来危险。就在夏明翰返回汉口东方旅社收拾文件准备转移时,那个叛变了革命的交通员宋若林带着国民党军警把夏明翰包围了起来。

夏明翰被捕了。敌人知道他是共产党的一位负责人,试图从他嘴里得到更多的机密情报,就多次动用严酷的刑罚来审问他。

主审官问道:"你姓什么?"

夏明翰冷笑着回答:"姓冬。"

"胡说!你明明姓夏,为什么说姓冬?"

"难道你们不明白吗？我是按照你们国民党的逻辑讲话的。你们的逻辑就是颠倒黑白、混淆是非！你们把杀人说成是慈悲，把卖国说成是爱国。我也用你们的逻辑，把姓'夏'说成姓'冬'！"

在狱中，夏明翰心中非常清楚，敌人肯定会对自己下毒手。从被捕的那一刻起，他就把个人的生死置之度外，他唯一遗憾的是，自己今后不能继续为党的革命事业工作了。于是，他忍着剧痛，用半截铅笔给自己的母亲、大姐和夫人各写了一封信。

红旗一定会飘扬在祖国的蓝天

你用慈母的心抚育了我的童年,你用优秀古典诗词开拓了我的心田。

爷爷骂我、关我,反动派又将我百般熬煎。亲爱的妈妈,你和他们从来是格格不入的。你只教儿为民除害、为国锄奸。在我

和弟弟妹妹投身革命的关键时刻，你给了我们精神上的关心、物质上的支持。

亲爱的妈妈，别难过，别呜咽，别让子规啼血蒙了眼，别用泪水送儿别人间。儿女不见妈妈两鬓白，但相信你会看到我们举过的红旗飘扬在祖国的蓝天。

一九二八年三月

这是夏明翰写给母亲的信。在信里，他真切地表达了对母亲的感恩之心："你用慈母的心抚育了我的童年……"也表达了对母亲无法尽孝的愧疚。同时，他也劝慰母亲不要难过，不要哭泣，不要让"子规啼血"般的痛苦蒙了双眼，也不要用泪水送儿子告别人间，要相信，"我们举过的红旗飘扬在祖国的蓝天"。

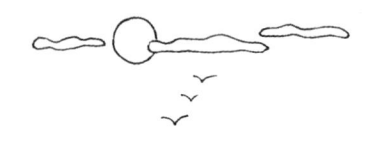

一位革命者的坚定意志和革命必胜的信念，跃然纸上。

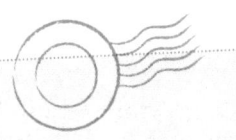

> 大姐为我坐牢监，外甥为我受株连，我们没有罪，我们要斗争，人该怎样做，路该怎样走，要有正确的答案。
>
> 我一生无遗憾，认定了共产主义这个为人类翻身解放造幸福的真理，就刀山敢上，火海敢闯，甘愿抛头颅，洒热血！
>
> 一九二八年三月

在写给大姐的信中，夏明翰再次表明了自己为了伟大的理想和信仰，上刀山下火海也在所不辞，甘愿抛头颅、洒热血的坚定决心和意志。

革命事业代代传

亲爱的夫人钧：

　　同志们常说世上惟有家钧好，今日里我才觉得你是巾帼贤。

　　我一生无愁无泪无私念，你切莫悲悲戚戚泪涟涟。

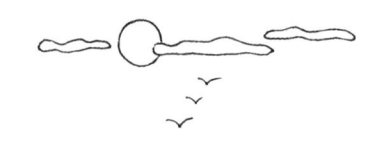

张望眼,这人世,几家夫妻偕老有百年。

抛头颅,洒热血,明翰早已视等闲。

"各取所需"终有日,革命事业代代传。

红珠留作相思念,赤云孤苦望成全。

坚持革命继吾志,誓将真理传人寰!

一九二八年三月

这是夏明翰在狱中写给妻子郑家钧的一封信。他曾把一颗红珠赠给妻子,作为爱情的信物。信中说到的"赤云",是他们幼小的女儿夏赤云(后改名为夏芸)。夏明翰就义后,妻子继承了夏明翰"誓将真理传人寰"的遗志,继续为党从事秘密工作,并在艰苦的环境中把女儿赤云抚养长大。

夏明翰被捕后,有一天,一个专门来"诱降"的人来到牢房里,假惺惺地对夏明翰说:"夏先生,你是一位难得的青年才俊,如果你肯放弃自己的信仰,那么你是清楚的,我们是决不会亏待你的。"夏明翰回答得十分干脆:"办不到!我死不足惜,但决不可放弃我的信仰。"

软的不行,就来硬的。敌人一次次用重刑折磨他,各种新的、旧的刑具都用遍了,可是夏明翰就像所有坚强的共产党人一样,每一根骨头都像钢铁一样坚硬!他忍着疼痛,一声不吭。

国民党反动派拿他没有任何办法,只得宣布将他"就地处决"。1928年3月20日,夏明翰高昂着不屈的头颅,蔑视着敌人,高唱着《国际歌》走向刑场。

沿路的群众都默默地低下头,为他惋惜,为他流泪。反动派看到这情景,以为他会回心转意,就问他:"人生一世,草木一秋,你难道就没有什么要说的吗?"

"有!你们给我拿纸和笔来!"

就这样,夏明翰用敌人递上来的纸和笔,坚定、有力地写下了一首正气凛然、响彻千秋的就义诗:"砍头不要紧,只要主义真。杀了夏明翰,还有后来人!"写罢,夏明翰把笔往地上一扔,大声喝道:"开枪吧!"

随着敌人罪恶的枪声响起,夏明翰烈士的一腔热血,洒在了黑夜茫茫、长夜待晓的中国大地上……

夏明翰烈士就义的地点,在武汉市汉口的余记里,他当时年仅28岁。

生离死别的时刻
——陈觉、赵云霄的狱中书

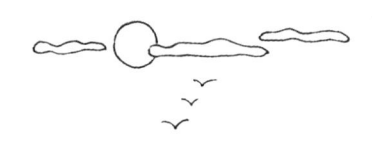

在狱中写下"诀别书"

陈觉烈士（1903—1928），原名陈炳祥，湖南省醴陵县人。他1922年考入醴陵县立中学，曾创建"社会问题研究社"，并主办《前进》周刊。1925年春，陈觉加入了中国共产党，同年冬天被派往莫斯科中山大学学习，这一年，他与同学赵云霄结婚。

1927年两人同时回国，先后在东北、湖南从事革命活动。1928年9月，湖南省委机关遭破坏，赵云

霄被捕。一个月后，因为叛徒出卖，正在常德一带从事地下工作的陈觉也不幸被捕，与妻子一同被关在长沙陆军监狱。1928年10月14日，陈觉英勇就义，年仅25岁。

1928年10月10日，陈觉在就义前四日，给仍然被关在监狱中的妻子赵云霄写了一封"诀别书"。

云霄我的爱妻：

这是我给你的最后的信了，我即日便要被处死了，你已有身（孕），不可因我死而过于悲伤。他日无论生男或生女，我的父母会来抚养他的。我的作品以及我的衣物，你可以选择一些给他留作纪念。

你也迟早不免于死，我已请求父亲把我俩合葬。以前我们都不相信有鬼，现在则惟愿有鬼。"在天愿为比翼鸟，在地愿为并蒂莲，夫妻恩爱永，世世缔良缘。"回忆我俩在苏联求学时，互相切磋，互相勉励，课余时闲谈琐事，共话桑麻，假期中或滑冰或避暑，或旅行或游历，形影相随。及去年返国后，你路过家门而不入，与我一路南下，共同工作。你在事业上、学业上所给我的帮助，是比任何教师任何同志都要大的，尤其是前年我本已病入膏肓，自度必为异国之鬼，而幸得你的殷勤看护，日夜不离，始得转危为安。那时若死，可说是轻于鸿毛，如今之死，则重于泰山了。

前日父亲来看我时还在设法营救我

们,其诚是可感的,但我们宁愿玉碎却不愿瓦全。父母为我费了多少苦心才使我们成人,尤其我那慈爱的母亲,我当年是瞒了她出国的。我的妹妹时常写信告诉我,母亲天天为了(因为)惦念她的远在异国的爱儿而流泪,我现在也懊悔此次在家乡工作时竟不曾去见她老人家一面,到如今已是死生永别了。前日父亲来时我还活着,而他日来时只能看到他的爱儿的尸体了。我想起了我死后父母的悲伤,我也不觉流泪了。云!谁无父母,谁无儿女,谁无情人,我们正是为了救助全中国人民的父母和妻儿,所以牺牲了自己的一切。我们虽然是死了,但我们的遗志自有未死的同志来完成。"大丈夫不成功便成仁",死又何憾。

此祝

健康

　　并问

王同志好

　　　　　　　　　觉手书

　　　　　　　一九二八.一〇.一〇

信中陈觉回忆了和妻子志同道合、相亲相爱和一起投身革命事业的奋斗岁月,吐露了自己身为革命者,对国家、对父母忠孝难以两全的遗憾,也表达了对夫妻俩从事的革命事业无怨无悔的信念:"我们正是为了救助全中国人民的父母和妻儿,所以牺牲了自己的一切。我们虽然是死了,但我们的遗志自有未死的同志来完成。"

写这封信时,陈觉心里明白,自己和妻子都必死无疑。果然,仅仅过了几个月,1929年3月,赵云霄也在长沙英勇就义,年仅23岁。

留给襁褓里女儿的遗书

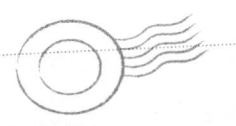

启明我的小宝贝：

　　启明是我们在牢中生了你的时候为你起的名字，这个名字是很有意义的。因为有了你才四个月的时候，你的母亲便被湖南清乡督办署捕于(到)陆军监狱署来了。当时你的母亲本来(是)立时(处)死的罪，可

是因为有了你的关系，被督办署检查了四五次，方检查出来是有了你！所以为你起了个名字叫启明（与你同样同生的一个叫启蒙）。小宝宝,你是民国十八年正月初二日生的,但你的母亲在你才有一月有(零)十几天的时候便与你永别了。小宝宝你是个不幸者,生来不知生父是什么样,更不知生母是如何人！小宝宝你的母亲不能扶(抚)养你了,不能不把你交与你的祖父母来养你,你不必恨我！而(要)恨当时的环境！

小宝宝,我很明白的(地)告诉你,你的父母是共产党员,且到俄国（苏联）读过书。(所以才处我们的死刑。)你的父亲是死于民国十七年阳历十月十四日,即古历

九月初四(二)日。你的母亲是死于民国十八年阳历三月二十六日,即古历二月十六日。小宝贝,你的父母你是再不能看到,而(且)也没有像(相)片给你,你的母亲所给你的记(纪)念只有像(相)片和衣物,及一金戒指,你可作一生的唯一的记(纪)念品!

小宝宝,我不能扶(抚)育你长大,希望你长大时好好的(地)读书,且要知道你的父母是怎样死的。我的启明,我的宝宝,当我死的时候你还在牢中。你是个不幸者,你是个世界上的不幸(者)!更是无父母的可怜者。小明明,有你父亲在牢中给我的信及作品。你要好好的(地)保存!小宝宝,你的母亲不能多说了。血泪而成。你的外祖母家在北方,河北省阜平县。你的母

亲姓赵。你可记着,你的母亲是二十三岁上死的。小宝宝望你好好长大成人,且好好读书,才不负你父母的期望。可怜的小宝贝,我的小宝宝!

你的母亲于长沙陆军监狱署泪涕

三月二十四日

赵云霄烈士(1906—1929),河北省阜平县人,中国共产党党员。1925年,她赴苏联中山大学学习,后与同学陈觉结婚。1927年回国后,就和陈觉一起在东北、湖南等地从事地下革命工作。

1928年9月,湖南省委机关遭到破坏,赵云霄不幸被捕。一个月后,她的丈夫陈觉也被捕,两人同时被关在长沙陆军监狱。1928年10月14日,陈觉英勇就义。赵云霄当时已经怀有身孕,在产下宝宝一个

多月后，1929年3月也在长沙英勇就义，年仅23岁。

这封信是赵云霄写在丈夫陈觉被杀害后的第五个月，也是她本人就义的前两天。这时候，她的女儿启明才出生一个月零十几天。不幸的是，这个出生在牢房里的孩子，四五岁时夭折了。

在这封信中，赵云霄吐露了一个年轻的革命者与自己幼小的骨肉生离死别时痛彻心扉的感情，字里行间充满了她依依不舍的母爱，也让后人感受到了这位年轻的革命者对待革命的坚定信念，感受到了她为了革命事业而舍生取义的决心与勇气。

像钢铁一样坚强的人
——杨靖宇的家风故事

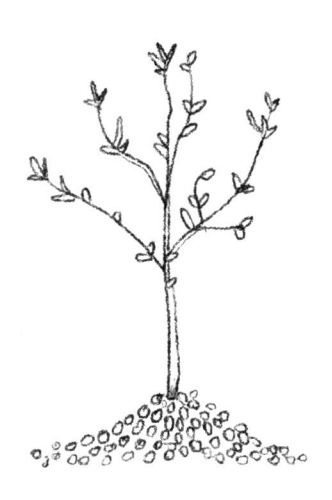

威风凛凛的"胡子伯伯"

抗日战争时期,在我国东北地区的白山黑水间,有一支赫赫有名、令日军闻风丧胆的"东北抗日联军"(以下简称"抗联")。抗联第一路军的总司令,就是大名鼎鼎的抗日英雄杨靖宇将军。

杨靖宇率领着英勇顽强的抗联部队,在气候极其恶劣、缺医缺粮少药的林海雪原上,与日寇浴血奋战多年,让日本侵略者感受到了中国人威武不屈、坚

韧不拔、宁死不当亡国奴的民族气节和坚强意志。

在抗联的队伍里，还有不少只有十几岁的小战士。他们有的是父母双亡、无家可归的孤儿，有的是被抓去做童工时逃脱出来的"小苦力"，还有的曾是地主家里的小猪倌、小羊倌、小长工。

1938年，杨靖宇把抗联队伍里的小战士们单独组织了起来，对他们进行专门的教学和训练，成立了一支"少年铁血队"。他们被抗联部队亲切地称为杨司令的"少年战斗队"。

这支少年铁血队由抗联第一路军司令部直接领导，全队一共有56名小战士，年龄最大的十五六岁，最小的只有十一二岁。小战士们每人都配有一支小马枪和上百发子弹，还背着背包、水壶等，和所有抗联战士一样装备齐全。

杨靖宇尽心尽力地关怀着这些少年战士的成

长。少年铁血队除了要进行严格的军事训练,还要学习文化知识。

杨靖宇经常亲自给他们讲战斗故事和革命道理,有时还亲自教小队员们练武、打枪。有的小战士衣服破了,鞋子露了底子,他会亲手帮他们缝补。小战士们都亲热地叫他"胡子伯伯"。

可是这位"胡子伯伯"牺牲时只有 35 岁。1940 年,杨靖宇在一次作战中不幸被日伪军包围了。为了拖住敌人,给抗联部队的突围和转移争取时间,他在冰天雪地里弹尽粮绝的情况下,孤身一人,顽强地与日寇周旋了五个昼夜,最后英勇牺牲了。他牺牲后,残忍的日军剖开了他的肚子,发现他的胃里尽是草根、树皮和棉絮,连一粒粮食也没有。

这个像钢铁一样坚强的人,这位顶天立地的抗日英雄,连侵略者也为他的顽强不屈感到震惊!

杨靖宇和抗联战士们英勇奋战、抗击日寇的故事和他伟大的爱国精神，感动和激励着新中国的一代代少年儿童。

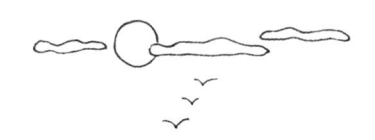

杨靖宇和"少年铁血队"

冬天来临了。寒风呼啸,大雪纷飞,大地白茫茫一片。随着日本鬼子的步步进逼,抗联的战斗环境变得越来越艰苦了!

1938年冬天,抗联第一路军司令部做出一个决定:走出深山老林,跟敌人打几次大仗,缴获一些战利品,作为军用装备的补充。

杨靖宇派了一位老向导毕大爷,带着少年铁血

队到抚松县东北部山区建起了一个秘密营地，让他们暂时隐蔽下来。小战士们依依不舍地告别了杨司令和大部队，开始了独立的战斗生活。

到达抚松县东北部山区后，少年铁血队做的第一件事，就是搭建自己的秘密营地。

这一天，队员二楞和冬喜下山去买粮食和衣物，可过了很长时间他们还没回来。大家正在着急的时候，二楞气喘吁吁地跑来报告："我们下山后被两个探子发现了，冬喜被他们抓住了，又逼我回来劝大家去投降，怎么办呢？"

"要我们投降？痴心妄想！我们马上就冲下山去，把冬喜救回来。"

"对，我们打他一仗！让鬼子和汉奸尝一尝少年铁血队的厉害！"

小战士们个个摩拳擦掌。

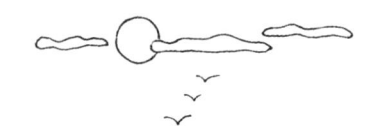

指导员冷静地说道:"大家不要急躁,我们先听听毕大爷的意见,再想办法。"

毕大爷说:"说得是呀,不能下山去硬拼,不应该拿鸡蛋去碰石头,得想一个稳妥的办法。"

少年们一个个都皱起了眉头,队长想了想说:"我倒有个办法,咱们再把二楞派下山去,告诉那两个探子说,山上都是伤病员,没有吃的,也没有药品,队员坚持不住了,愿意投降。等那两个家伙上了山,我们就给他来个将计就计、瓮中捉鳖。大家觉得如何?"

毕大爷听了点点头说:"这个主意还算稳妥。"

按照这个计策,少年铁血队"小试牛刀",打了一个漂亮的伏击战,不仅救回了冬喜,还一举消灭了两个敌探。首战告捷,队员们一个个都很受鼓舞。

可是,两个探子的失踪,引起了山下鬼子的注

意。不久,大队鬼子进山"扫荡"来了。

少年铁血队不得不离开营地,向长白山深处转移。雪地上行军,万一日本鬼子跟着雪地上的脚印追上来怎么办?

这时,队长又想出了一个好办法,他命令道:"所有人倒退着走路,让脚印指向相反的方向。""主意真妙呀!"大家心领神会,赶紧行动起来。

就这样,愚蠢的敌人被甩掉了。

第三天晚上,山后来了一队人马,原来是杨靖宇派人来迎接他们了。听说了这场惊心动魄的战斗,杨靖宇表扬了他们:"好哇!你们这一仗打得干净利落!现在我兑现当初的承诺,发给你们一挺轻机枪,好不好?"

小战士们激动地接过了杨靖宇发给他们的轻机枪。

"少年铁血队全体队员们,你们还需要什么?"杨靖宇大声问道。

队员们齐声回答:"我们要战斗!"

"好!只要日本鬼子一天还没有被赶出中国的土地,我们的战斗,就一天也不会停止!你们在战斗中渐渐长大了,但是,更残酷的战斗还在等待着你们……"

在以后的日子里,这支年轻的红色少年武装,跟随着杨司令转战南北,在茫茫的长白山林海中和日寇进行了长期的斗争。他们也在战火中百炼成钢,成长为坚强的抗日战士,直到抗战取得了最后的胜利。

桦树皮与"传家宝"

杨靖宇原名马尚德,所以他的后代都按家族本来的姓氏,姓马。后代人不仅以杨靖宇这位伟大的民族英雄为骄傲,而且一代代传承着他的宝贵精神,形成了"严要求、重责任、懂知足"的九字家风。

但是,杨靖宇牺牲后,直到1950年兴建东北烈士纪念馆时,组织上尚未弄清楚他的出生地。当时能找到的,只有一张发黄的"杨靖宇履历表",上面依

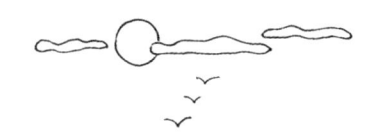

稀可辨地写着：马尚德，到东北后曾用名杨靖宇……

后来，在一位幸存下来的抗联老战士、杨靖宇的老战友的帮助下，组织上才确认杨靖宇的老家在河南省确山县李湾村（今属驻马店市驿城区）。1951年组织上终于辗转找到了杨靖宇的后人。而这时，在老家苦盼丈夫18年的杨妻已经病故了。

原来，日寇投降后，已是重病在身的杨妻，仍然没有等回自己的丈夫。临终之前，她把儿子儿媳叫到床前，叮嘱说："日本鬼子投降了，你们的爹很快就要回来了，可惜我见不到他了，你们见了他一定要告诉他，这些年来全家人都在想着他呀！"

杨靖宇的妻子去世时年仅40岁。她哪里知道，自己日夜思念的丈夫，早已先她而去，为保卫国家牺牲在东北的林海雪原上了。

杨靖宇老家仅有的一张他少年时候的照片，是

他在开封读书时照的。而那些杨靖宇身穿戎装的形象，都是后来画家根据战友们对他的形象的回忆描画出来的。当年，为了保存这张照片，杨靖宇的妻子曾把它藏在墙缝里，逃难的时候又缝在女儿马锦云的衣服里。今天，这张珍贵的照片，被珍藏在驻马店市杨靖宇将军纪念馆内。

杨靖宇的孙辈们虽然个个都知道自己的祖父是一位民族英雄，但他们从小都牢记着朴素、清正的家风，从上学到工作，从没对周围的人炫耀过自己是杨靖宇的后代。偶尔有身边的同事通过别的途径知道了真相，会惊讶地说："这么大的事，你们怎么不早说呀？"

"爷爷的功绩是我们的骄傲，但不是我们的。我们只有在岗位上好好工作，多为人民服务，才对得起爷爷。"杨靖宇的孙辈这样说道。

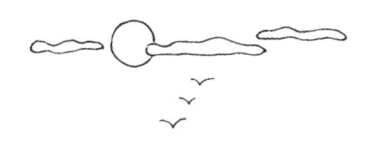

孙辈们还珍藏着一块桦树皮，这是马家的一件"传家宝"。那是1958年2月23日，一个大雪飘飞的日子，杨靖宇的儿子马从云、儿媳方秀云，在心里默默呼唤着父亲的名字，来到了吉林，参加杨靖宇将军的安葬公祭大会。在白雪皑皑的林海雪原上，他们看到了父亲牺牲时背靠的那棵粗壮、挺拔的松树，远处的山头上还有日军留下的碉堡……

那天，杨靖宇的一位老战友送给夫妇俩一件特殊的礼物——一块桦树皮。父亲的这位老战友告诉他们："你们的父亲当年就是吃着这个和敌人打仗的。"夫妇俩把这块桦树皮仔细地包好，带回了老家，放在家中一个柜子里，永久地收藏了起来。有时，方秀云会被附近学校请去给孩子们讲故事，她就小心翼翼地拿出这块浸润着家国大义的桦树皮，带给孩子们看看，好让他们懂得应该怎样珍惜今天的幸福生活。

马从云、方秀云夫妇还时常告诫子女们：绝对不允许以抗日英雄后代为借口，向组织提任何要求。方秀云说："爷爷是爷爷，你们是你们。不能张扬，低调做人。"他们的一个儿媳妇王晓芳，嫁到马家一年多以后才知道，自己的丈夫是赫赫有名的抗日英雄的后代。

2016年12月12日，第一届全国文明家庭表彰大会在北京举行，习近平总书记亲切会见了来参加表彰会的代表。杨靖宇的一个孙子马继志代表全家到北京领奖。说起他们的家风时，马继志捧出包着桦树皮的红包裹说："母亲生前总是拿着桦树皮教导我们，咱是抗日英雄后代，不能向组织提要求，要低调做人，工作勤奋，不给先辈抹黑。"

情真意切的"示儿书"
——赵一曼写给儿子的信

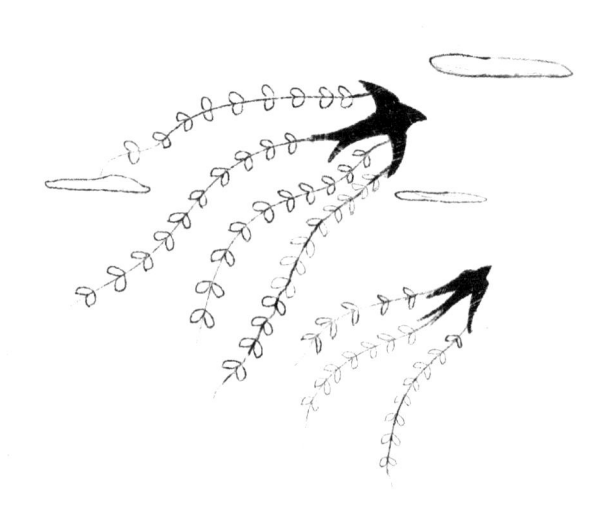

宁死不屈的女英雄

看过电影《赵一曼》的观众,都会记得这样的情节:

1936年,在哈尔滨警察厅的一间看守所里,凶残的敌人正在审问一名年轻的女子。她就是东北抗日联军的团政委、女英雄赵一曼。

赵一曼在战场上不幸受伤被俘,几次越狱都没有成功,这次又落入了特务"林大头"的手中。林大

头得意地点燃了香烟,冲着赵一曼说:"你逃呀,你是逃不掉的!"

"你也逃不掉!总有一天,中国人民会在这里审判你!"赵一曼轻蔑地瞧着这个特务,斩钉截铁地说。

"你……你放明白些!"林大头碰了一鼻子灰,又故作镇静,装出宽宏大量的样子说,"你不是想自由吗?只要你写个声明,随后想去哪儿就去哪儿。"

"好,我写!"赵一曼回答道。

林大头喜出望外,赶紧给她松开一只手。赵一曼接过纸和笔,用力写了几个大字:打倒日本帝国主义!

林大头一看,气得额角暴起了青筋,狂怒地把纸扯得粉碎,咆哮着说:"我要枪毙你!"

"你杀吧!"赵一曼大义凛然地昂起头,"可是,

你们消灭不了共产党员的信仰!消灭不了,永远也消灭不了!"

赵一曼正气凛然、坚贞不屈的形象,留在一代代中国人,特别是青少年的心中。

"红枪白马"的女政委

1905年10月27日,赵一曼出生在四川省宜宾县北部白杨嘴村一个地主家庭。她原名李坤泰,又名李淑宁、李一超,在兄弟姐妹七人中排行老七。父亲李鸿绪曾花钱捐了个"监生"的功名,后来自学中医,为乡亲们看病。母亲一直在家操持家务。

1926年,赵一曼进入宜宾女子中学(现宜宾市二中)读书。受到她的大姐夫、革命先烈郑佑之(曾

任中共四川省委首届委员,人称"川南农王")的影响,赵一曼在宜宾女子中学读书期间就加入了中国共产党,走上了革命的道路。

1927年,她进入黄埔军校武汉分校学习,后来又去莫斯科中山大学学习。回国后,她被党组织派往东北地区工作,改名为赵一曼,先后在沈阳、哈尔滨领导工人斗争。1934年7月,她在哈尔滨以东的抗日游击区领导抗日斗争,一度被抗联战士误认为是抗日将领赵尚志总司令的妹妹。在当地百姓们的眼中,她是一位颇具传奇色彩的英雄,人们称她是"红枪白马女政委",战士们也亲切地称她"李姐"。

1935年,赵一曼担任东北人民革命军第三军第一师第二团政委。这年11月,她率领部队在与日伪军作战时,因腿部受伤不幸被捕了。

日军为了从赵一曼口中获得有价值的情报,赶

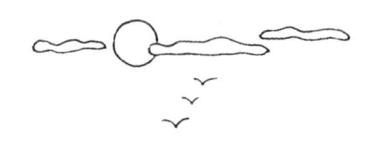

紧找了一名军医对她的腿伤做了简单的医治，然后连夜对她进行了严酷的审讯。

可是，面对穷凶极恶的日寇，早已将个人生死置之度外的赵一曼，忍着剧烈的伤痛，大声怒斥着日寇侵略中国所犯下的各种罪行。

凶残的日军见赵一曼不肯屈服，就用马鞭杆狠戳她腿部的伤口。赵一曼几次痛得昏厥了过去，但是醒来后，她咬着牙说出的唯一的话就是："我的目的，我的主义，我的信念，就是抗日！"

1935年12月13日，赵一曼腿部伤势严重，生命垂危。日军明白她知道共产党的很多秘密，为了得到口供，就把她送到了哈尔滨市立医院进行监视治疗。

赵一曼在医院治疗期间，利用各种机会，向看守她的警察董宪勋与女护士韩勇义讲述抗日爱国的道理。这两个有正义感的同胞深受感动，他们决定帮助赵一曼逃离日军的魔掌。

1936年6月28日,董宪勋与韩勇义把赵一曼背出了医院,送上了事先安排好的一辆小汽车。赵一曼辗转到达了阿城县境内的金家窝棚董宪勋的叔叔家中。

三天后,赵一曼在奔往抗日游击区的途中,不幸被追捕的日军赶上,再次落入了日军和汉奸的手中。

赵一曼被带回哈尔滨后,凶残的日本军警对她施行了残酷的刑讯。根据后来发现的敌伪档案记载,日本军警为了逼迫她供出抗联的机密和党的地下组织,对她施行的酷刑有几十种,甚至还动用了惨无人道的电刑,但赵一曼始终坚贞不屈,除了"不知道"三个字,敌人什么也没捞到。

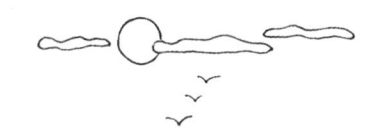

就义前写下的"示儿书"

1936年8月1日,赵一曼被押上了去往黑龙江省珠河县(今尚志市)的火车。她知道,日军从她这里得不到任何有用的情报,肯定是要对她下毒手了。这时候,她想起了远在南方的儿子陈掖贤(小名"宁儿")。于是,她第二天就向押送的警察要来了纸笔,给儿子写了一封遗书:

宁儿！

母亲对于你没有能尽到教育的责任，实在是遗憾的事情。

母亲因为坚决地做了反满抗日的斗争，今天已经到了牺牲的前夕了。

母亲和你在生前是永久没有再见的机会了。希望你，宁儿啊！赶快成人，来安慰你地下的母亲！我最亲爱的孩子啊！母亲不用千言万语来教育你，就用实（际）行（动）来教育你。

在你长大成人之后，希望不要忘记你的母亲是为国而牺牲的！

一九三六年八月二日
你的母亲赵一曼于车中

从这封遗书里，我们看到了赵一曼为了祖国、民族的独立与自由，宁死不屈、虽死犹荣的坚定信念。信中也满含着她对儿子的愧疚、期望和祝福。

在给儿子写完遗书的当天，赵一曼就英勇就义了，年仅31岁。

新中国成立后，朱德总司令为赵一曼写下了"革命英雄赵一曼烈士永垂不朽"的题词。为了纪念她，哈尔滨市人民政府把东北烈士纪念馆（曾经的伪满哈尔滨警察厅）门前的街道命名为"一曼街"。

盼教以踏着父母之足迹
——江竹筠的"托孤书"

灼灼红梅

"红岩上红梅开,千里冰霜脚下踩,三九严寒何所惧,一片丹心向阳开,向阳开。

"红梅花儿开,朵朵放光彩,昂首怒放花万朵,香飘云天外。唤醒百花齐开放,高歌欢庆新春来,新春来。"

《红梅赞》这首歌曲一响起,革命者"江姐"身穿红色毛衣、围着白围巾的坚贞不屈、大义凛然的美丽

形象,就会浮现在我们的面前,也令我们联想到她灼灼红梅一般的品格与情操。

江姐名叫江竹筠,曾用名江雪琴等。1920年8月,她出生于四川省自贡市,10岁时到重庆的织袜厂当童工。1939年,她在读中学时就加入了中国共产党。1947年11月,她与爱人彭咏梧赴川东准备发动武装起义,她负责秘密联络工作。两个月后,彭咏梧不幸在战斗中牺牲。江竹筠在1948年2月独自重返万县(今重庆市万州区),参加县委工作,同年6月因叛徒告密而被捕,被关进重庆渣滓洞监狱。

在监狱中,她不断地鼓励难友,坚定大家胜利的信心,还利用各种机会参与和领导狱中的斗争,被大家亲切地称为"江姐"。

长篇小说《红岩》中有这样一个情节:新中国诞生的喜讯从北京传到了重庆渣滓洞监狱。江姐和难

友们一起,用一块红布绣出了一面简易的红旗,庆祝新生的共和国,庆祝他们的那个伟大理想的实现。歌剧《江姐》里有一首《绣红旗》的歌曲,咏唱的就是江姐和难友们怀着无比喜悦的心情庆祝新中国诞生的情景。

我知道我该怎么样子的(地)活着

我下来(指从重庆回到万县)已经快一月了,职业无着,生活也就不安定……

四哥,对他不能有任何的幻想了。在他身边的人告诉我,他的确已经死了,而且很惨。"他会活着吧?"这个唯一的希望也给我毁了，还有什么想的呢？他是完了，"绝望"了。这惨痛的袭击你们是不会领略得到的。家里死过很多人，甚至我亲爱的母亲，可是都没有今天这样叫人窒息得透不过气来。

可是，竹安弟，你别为我太难过。我知道我该怎么样子的(地)活着。当然，人总是人，总不能不为这惨痛的死亡而伤心。我记得不知是谁说过："活人可以在活人的心里死去，死人可以在活人的心中活着。"你觉得是吗？所以他是活着的，而且永远地在我的心里。

这是江竹筠1948年3月19日从四川省万县写给共产党员谭竹安的一封信。信里说到的"四哥"，

是指江竹筠的爱人和战友彭咏梧烈士。

1944年,党组织安排江竹筠进入四川大学农学院读书,从事党的秘密工作。在大学期间,江竹筠学会了俄语,阅读了许多来自苏联的书籍和报刊。有一年夏天,她回到重庆时,参加了中苏友协招待会,会上放映了一部苏联影片《丹娘》,描写的是苏联女英雄丹娘英勇不屈的战斗故事。从此,女英雄丹娘就成了江竹筠心目中的偶像。后来江竹筠被捕入狱时,监狱里的难友们也把她称为"中国的丹娘"。

1945年,江竹筠与彭咏梧结婚。1947年,在反饥饿、反内战、反迫害运动中,她受中共重庆地下市委的指派,跟随彭咏梧到川东开展武装斗争,担任中共川东临时工作委员会和下川东地区工委的秘密联络员。

当时,彭咏梧担任中共川东临时工作委员会委

员兼下川东地区工委副书记,是在这个地区开展武装斗争的秘密领导人。斗争的环境异常危险,随时都可能被捕和牺牲。但是,江竹筠夫妇从来也没有畏缩和后退。1948年1月16日,彭咏梧在巫溪鞍子山激战时不幸被围,惨遭杀害。凶残的敌人把彭咏梧烈士的头颅悬挂在城门上,想用这种方式威吓革命者和进步群众。

敌人的屠杀和搜捕吓不倒江竹筠,她悄悄地擦干了眼泪,毅然接替了丈夫的工作。她对身边的战友说:"这条秘密战线的关系,只有我熟悉,我应该在老彭倒下的地方继续战斗下去。"

写在狱中的"托孤书"

1948年6月14日,由于叛徒出卖,江竹筠在万县不幸被捕。敌人把她押送到有着"人间地狱"之称的重庆渣滓洞监狱里关押。

在监狱中,江竹筠受尽了国民党军统特务的各种酷刑,老虎凳、吊索、带刺的钢鞭、撬杠、电刑……敌人甚至把竹签钉进了她的十指,他们妄想从这个年轻的女共产党员身上找到"突破口",获得重庆地

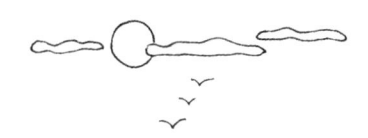

下党组织的名单。但是,面对种种酷刑,江竹筠始终坚贞不屈,没有吐露半个字。

"你们可以打断我的手,杀我的头,但是想要得到组织的名单,那是痴心妄想!……你们的竹签子是竹子做的,但是,共产党员的意志是钢铁铸成的!"她坚贞不屈、英勇顽强的斗争精神,让那些杀人不眨眼的特务也心惊胆战!

江竹筠有一个寄养在亲戚家的幼小的儿子,她心里非常惦念。

1949年8月,她在狱中把一根筷子磨成竹签当笔,用棉花灰制成墨水,含泪写下了一封"托孤"的遗书。遗书仍然是写给"竹安弟"的,由一个被狱中同志们策反的看守带出了监狱,这也是江竹筠就义前最后的遗言:

竹安弟：

友人告知我你的近况，我感到非常难受。幺姐及两个孩子给你的负担的确是太重了，尤其是现在的物价情况下，以你仅有的收入，不知把你拖成甚（什）么个样子。除了伤心而外，就只有恨了……我想你决不会抱怨孩子的爸爸和我吧？苦难的日子快完了，除了希望这日子快点到来而外，我什么都不能兑现。安弟，的确太辛苦你了！

我有必胜和必活的信心，自入狱日起我就下了两年坐牢的决心。现在时局变化的情况，年底有出牢的可能。蒋王八的来渝，固然不是一件好事。但是不管他如何顽固，现在战事已近川边，这是事实，重庆

在（再）强也不能和平、京、穗相比，因此大方的（地）给它三四月的命运就会完蛋的。我们在牢里也不白坐，我们一直是不断地在学习，希望我俩见面时你更有惊人的进步。这点我们当然及不上外面的朋友。

话又得说回来，我们到底还是虎口里的人，生死未定。万一他作破坏到底的（地）孤注一掷，一个炸弹两三百人的看守所就完了。这可能我们估计的确很少，但是并不等于没有。假如不幸的话，云儿就送你了，盼教以踏着父母之足迹，以建设新中国为志，为共产主义革命事业奋斗到底。

孩子们决不要骄（娇）养，粗服淡饭足矣。幺姐是否仍在重庆？若在，云儿可以不必送托儿所，可节省一笔费用，你以为

如何？就这样吧,愿我们早日见面。握别。

愿你们都健康!

来友是我很好的朋友,不用怕,盼能坦白相谈。

竹姐

八月二十七日

信中的"云儿",就是指她和爱人彭咏梧烈士的儿子。

江竹筠是一位坚强的革命者,也是一位渴望亲情、满怀亲情的母亲。她在生命的最后时刻,除了革命事业,最牵挂的就是自己的孩子。江竹筠留下的这封遗书原件,字迹相当潦草,不时出现涂改墨迹,表露了她对爱子的牵挂,表露了她忧虑与孩子骨肉永别的痛彻之情。信中她也对孩子未来的成长寄予了

期待和希望："盼教以踏着父母之足迹,以建设新中国为志,为共产主义革命事业奋斗到底。""孩子们决不要骄(娇)养,粗服淡饭足矣。"

离胜利到来的时刻越近,丧心病狂的敌人就越是害怕。1949年11月14日,就在重庆即将解放的前夕,江竹筠被国民党军统特务秘密地杀害于歌乐山中,年仅29岁。

毁家纾难的大义母子
——王朴的家风故事

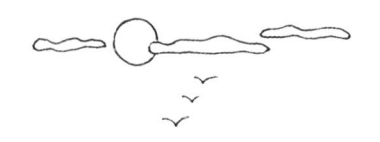

黎明前的号角

1947年春天,茫茫雾都重庆被笼罩在国民党反动派制造的白色恐怖之中。中共重庆市委地下党决定创办一份油印报纸《挺进报》,及时地把人民解放军在前线的消息传递给人民。这份报纸就像黎明前的嘹亮号角,唤醒了无数山城人民。

《挺进报》的影响越来越大,令国民党反动派惊慌失措,特务们到处搜索《挺进报》的踪迹。

1948年4月22日下午5时，由于叛徒的出卖，敌人抓捕了《挺进报》的负责人——地下党员、青年诗人陈然，同时搜出了一张由王朴开具的南华贸易公司的支票。于是，王朴也被捕了。

王朴，又名王兰骏，1921年出生在四川省江北县（今重庆市渝北区）。他的父亲是个生意人，赚钱后在老家置下了不少田地。所以，王朴小时候的家境还算殷实。他六岁时随父母亲去过日本，1932年，在重庆第一高小读书，几年后进入求精中学学习，后来又考进了迁到重庆北碚的复旦大学……1945年，王朴受组织派遣回到江北县办学，为党组织建立了重要活动据点。1947年秋，中共重庆北区工委成立，王朴任工委委员，负责宣传、统战工作，《挺进报》在北区的翻印正属他的职责范围。

王朴和陈然等人被捕后，先后被关进了渣滓洞、

白公馆监狱里。在狱中,陈然用短短的铅笔头,把自己记得的一些解放战争的消息,一一写在香烟盒的反面,然后通过监狱里的秘密渠道,与王朴等难友互相传递。大家把这些小纸片称作"白公馆里的《挺进报》"。由于当时特殊斗争环境的需要和党的纪律规定,王朴、陈然和其他一起办《挺进报》的战友,从来没有直接见过面,只是在信函中互致"革命的敬礼"或"紧握你的手"。

正是因为有着坚定的革命信仰,有着革命战友和胜利消息的鼓舞,王朴经受住了一系列严刑拷问和高官厚禄的诱惑,始终没有透露一丝与共产党有关的信息。

1949年10月28日,国民党反动派对王朴、陈然等人下了毒手,在临刑前的那一刻,战友们才看到了与自己并肩战斗过的同志的面孔。这些革命者的手,在生命的最后时刻紧紧地握在了一起……

当反动派冰冷的枪口对准他们时,他们奋臂高呼"毛主席万岁""中华人民共和国万岁"英勇就义。

在他们被杀害的 27 天前,新生的中华人民共和国已宣告成立,五星红旗已经飘扬在新中国的上空。可惜的是,这些年轻的、为了新中国的诞生奋斗了一生的烈士,却没能感受到新中国的阳光,就倒在了黎明前的黑暗里。

深明大义的母亲

王朴少年时就特别喜欢听岳飞抗金等精忠报国的英雄故事,内心里早就播下了爱国的种子。

抗日战争爆发后,很多大学迁到了重庆。1938年,王朴考入了复旦大学新闻系。在大学里,他又开始接触《新华日报》《群众》《解放》等进步报刊,与周围不少追求光明和进步的爱国青年成了志同道合的朋友,也成了复旦大学一些爱国学生团体的活跃分

子，渐渐对共产主义的崇高理想萌生了真诚的渴望和追求之心……

这时候，地下党组织也在暗暗帮助王朴进步，引导和培养王朴为党工作，为劳苦大众的解放事业贡献自己青春的力量。

1945年春天，王朴受组织的派遣回到江北县。他原本想去中原解放区参加解放军的，但中共中央南方局青年工作组认为，王朴留在家乡工作，更能发挥作用。于是，地下党组织派人与王朴联系，让他筹集资金，在江北创办一所新型的小学。

原来，抗战期间，教育家陶行知在中共中央南方局的支持和帮助下，在合川草街古圣寺创办了著名的"育才学校"，那里招收的学生，大多是抗战时期的难童、烈士遗孤以及附近的农家子弟。陶行知亲任校长，给孩子们开设了文学、音乐、绘画、社会科学、

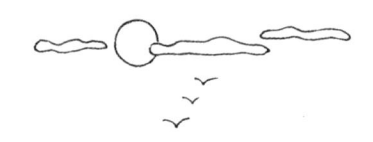

自然科学等学科，还常常组织师生翻山越岭，去附近的煤矿、山乡、农家，为矿工、农民开办识字班，帮助这里的贫苦劳动者学习文化。陶行知创办育才学校的佳话，也传到了全国各地，给抗战中的人们带去了希望和信心。现在，党组织希望王朴在江北也创办一所这样的学校。

1945年9月，经过数月的艰辛奔波，一所完全新型的学校——私立莲华小学在江北诞生了。王朴亲任校长。

这所学校，既是共产党开展农村工作的落脚点，也为革命集聚培养了新生力量，同时也成了地下党组织一个安全的秘密活动场所。

这所小学能够办成，王朴深明大义的母亲功不可没。

王朴的母亲名叫金永华。1943年，王朴的父亲

病故后,留下的家产都归母亲掌管和经营。要创办学校,到哪里去筹集经费呢?王朴就试着去做母亲的工作。

王朴的想法,遭到了兄弟姐妹们的强烈反对:"三哥你疯了吧?变卖了家产,我们今后怎么生活?母亲往后的日子依靠什么?"

王朴的母亲却深明大义。在听了王朴的一番陈述后,母亲思前想后,最终决定全力支持王朴。于是,她变卖了部分田产和房产,换来了一千多两黄金。

"一千多两黄金,这是一笔巨款!母亲和三哥把变卖家产所得全都献给了革命事业。正是靠着这笔钱,地下党在川东的工作变得顺利了。"后来,王朴的弟弟王荣回忆说。

在后来的日子里,王朴按照陶行知"知行合一"

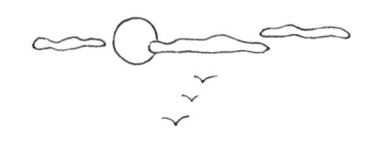

的方法培养学生,结合川东农村的实际需要,教学生写条子、写家信、打算盘、记账,还办起了农民夜校,帮助附近的农民识字、学文化,给他们讲解"耕者有其田"的革命道理。一时间,前来上夜校的青年农民越来越多,一到夜晚,附近的农民就举着火把从几公里外赶来学习……

从 1946 年起,为了适应形势发展的需要,党组织要安排更多的党员干部深入农村,已经入党的王朴,又得到母亲的资助,扩大了学校规模,把莲华小学改为莲华中学,并接办了由天津迁来的志达中学作为莲华中学的高中部。

1947 年,中共重庆北区工委成立,工委书记以英语教员的身份作掩护,来到学校工作。就这样,莲华中学实际上成了北区工委领导机关所在地,成了江北县和北碚地区党的活动中心……

这时候,为了支持儿子王朴的工作,金永华再次变卖了田产,兑换成黄金近一千两,全部用在了资助川东地下党迎接重庆解放的工作上。

王朴动员母亲变卖家产资助他办学的举动,在当地引起了很大的震动,很多人觉得难以理解。为了避免引起反动派的猜疑,王朴就对外放风说,他在城里做生意需要用钱。为了掩人耳目,他还特意成立了一家名为"南华"的贸易公司。不幸的是,南华公司成立不久,就发生了叛徒出卖陈然和《挺进报》的事件……

母亲的骄傲

1948年4月下旬,因为叛徒的出卖,负责《挺进报》的陈然等人被捕了,地方组织也遭到了破坏。以英语教员身份隐藏在学校的工委齐书记,要王朴立刻撤离学校,他留下来应对。

"我是外省人,又是单身汉,无牵无挂,我留下来对付敌人最合适。"齐书记说。

"不,我是本地人,又是校长,更熟悉这里的情

况，你是组织领导人，你先撤离，我留下来。"一番争执后，王朴留了下来。

"如果我被捕了，请组织上相信，我的行动就是最好的回答！"王朴用这句斩钉截铁的话，向党组织做出了最庄严的承诺。

母亲知道了实情以后，也劝王朴早点儿逃走，找个地方先躲起来。王朴说："我怎么能走呢？自从我加入党组织那天起，就不再是母亲一个人的儿子了。"

在做好应急准备后，王朴来到母亲面前，叮嘱了三条意见：一是学校一定要继续办下去，这是命根子；二是剩下的田产，继续变卖；三是弟弟、妹妹要靠组织，不能离开学校。

深明大义的母亲含着泪点头，让王朴放心。母亲在心中也为自己养育了这样大义凛然的好儿男而感

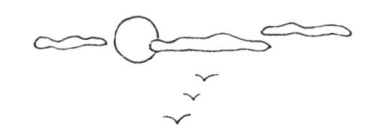

到深深的骄傲!

王朴被捕后,他在给妻子褚群的一封信里写道:"小群,莫要悲伤,有泪莫轻弹,你还年轻,你的幸福就是我的幸福……狗狗(王朴儿子的小名)取名继志,让他长大成人,长一身硬骨头,千万莫成软骨头。"

王朴和褚群结婚的时候,正是他为了创办莲华小学而四处奔波的那段时间。作为一个曾经的富家子弟,王朴慷慨地"毁家纾难",自己新房里的陈设简单得不能再简单:一张简易的木床上,连新的被褥都没有置办。从重庆到莲华小学去,要步行几十公里山路。有钱人一般都会坐滑竿,可王朴每次去学校总是步行,路上还不时地与一些乡亲和小贩边走边谈。途中饿了,他就在一家小店要两碟小菜、一碗干饭,草草地吃下,然后尽快赶路……

王朴被敌人杀害时,年仅28岁。母亲金永华承受着巨大的悲痛,几乎一夜白头。她怕自己面对儿子的遗体时会支撑不住,于是就让王朴的小姨金永芳出面料理儿子的后事,把王朴埋葬在了江北县龙溪乡常家湾。

一个月后,重庆解放。中共中央西南局要将金永华慷慨捐赠给党组织的经费如数归还时,这位烈士的母亲摆摆手说:"如果我要这笔钱,就是辱没了王朴的名声。"最后,这笔钱金永华一分也没要,全部用在了重庆的妇女儿童福利事业上。

今天,位于重庆市北碚区的"王朴中学",前身就是王朴和他的母亲当初接办的志达中学。人们用重新命名学校的方式,纪念这对为家乡的解放事业做出了巨大贡献的母子。

2010年4月9日,重庆市渝北区政府又在新建

成的渝北中学立起王朴和他的母亲金永华的塑像。高大的塑像,在和平年代的蓝天下,向一代代后人默默讲述着发生在黎明前的一段故事。

奋斗到最后一刻
——金方昌给哥哥的家书

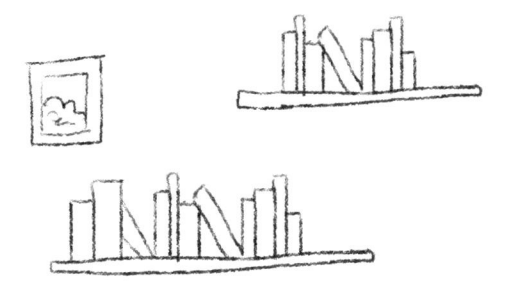

和党组织在一起，就不会迷失方向

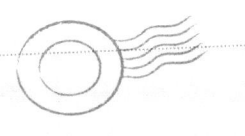

哥哥：

你五月四日的信才接到，诗和信都看到了。我现在正朝着你指的方向前进。学习（条件）在代县是太差了，因为第一没有材料，什么书都没有，《联共党史》只有下册没上册，《哲学选辑》都没听说过，只是

能看到几本文件，但也看得很晚，也不是每期来，像《共产党人》我们只看到了第二期。

每月至少给你(写)一封信，的确需要。可是这里交通太困难，又没邮政，只要我有机会一定尽量的(地)写，不管写多写少，就是一句话，如果有机会寄信的话也一定写。

青年人的确容易迷失方向，不过在晋察冀是比较好的，因为我们的党占绝对优势。一般青年都有他的组织，都是在我们党的领导下。我敢向哥哥这样说，我已经是一个相当坚强的布尔什维克党的战士了。这里有坚强的组织在领导着我们，绝对不会迷失方向……

……边区的每一个角落里都热烈地开

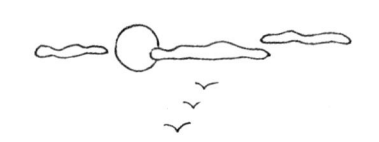

展开着民主运动,代县县议员、区代表、区长都选过了。我亲自领导了两个区,我们都亲自尝到了新民主主义政治的味道。谁说老百姓不懂得民主?谁说老百姓不能管国家大事?叫他来晋察冀看一看,这里的区代表、县议员不是老百姓选的吗……

你们那里最近做些什么工作,我们在开辟代县工作中得出了一个最大的经验:改善人民生活是发动基本群众抗日积极性的有力武器。还有很多话,再谈吧,因为带信的同志要走。

致

布礼

全方昌

24/8

这是金方昌烈士在1938年写给哥哥的一封家书。

金方昌(1920—1940),山东聊城人,回族。中学时代他参加过抗日救亡运动,1937年卢沟桥事变后,进入山西民族革命大学学习。1938年,金方昌加入中国共产党,先后担任中共代县城关区委书记及中共代县县委委员、县委宣传部副部长。1940年11月23日,因叛徒告密,金方昌被日伪逮捕。在狱中,他遭受了严刑拷打,却始终大义凛然、坚贞不屈,12月3日惨遭杀害。

在这封信中,金方昌向哥哥报告了边区的抗战气氛,以及自己在边区的生活和学习情况:"我已经是一个相当坚强的布尔什维克党的战士了。这里有坚强的组织在领导着我们,绝对不会迷失方向……"一个革命者的自豪感溢于言表。

为革命奋斗到最后一刻

永昌、默生胞兄：

我于二十九年十一月二十三号（1940年11月23日）在代县大西庄村被敌捕。临捕时以手枪向敌射击，弹尽将枪埋藏后拼命北跑，敌有骑兵追上被捉。我高呼中华民族解放万岁，并向敌伪讲演。

我在敌人的牢狱里、法庭上、拷打中、利诱中，始

终没有半点屈服、惧怕。我在被捕后,没有丝毫悲伤。我只有仇恨和斗争。我知道我是为了民族的解放、全人类的解放而牺牲。我在牢狱里向这些罪人工作着。我没有想过我再会活,也决不会活,我只有死。不过我在死前一分钟都要为无产阶级工作。

我要求哥哥们:

一、能坚决为无产阶级革命奋斗到最后胜利的时候。这不仅是你们要有这种人生观,能为这种事业干,并且得把自己锻炼成像列宁、斯大林、毛泽东一样会运用马列主义到实际中去,这样才能使自己坚持到无产阶级革命成功的时候。这里边还有这样的希望,就是希望你们能在快乐的幸福的共产主义社会里生活。最后希望到那时

候你们还存在。

二、要求哥哥们能把咱们弟弟、侄侄们都培养成无产阶级的革命战士。尤其是把七弟（尔昌）培养成坚强的革命伟大人物。

哥哥们永别了！祝你们健康，致最后敬礼！

你的弟弟写于敌人木牢

十二 二

这封信是金方昌在1940年12月2日写给两位哥哥的。

金方昌被捕后，敌人惨无人道地打断了他的一只胳膊，还残害了他的一只眼睛。他苏醒后，用手指蘸着自己的鲜血，在监狱墙上写下了"严刑利诱奈我何，领首流泪非丈夫"的诗句。金方昌在狱中写下这

封遗书后,第二天就英勇牺牲了。遗书由关在同一监牢的大西庄村村长带出。

在这封信中,金方昌表达了自己在敌人的严刑拷打面前永不屈服、视死如归的决心和勇气,并以自己能"为了民族的解放、全人类的解放而牺牲"感到无上的荣光。在信中,他还鼓励哥哥们能继承他的遗志,奋斗不息,直到迎来最后的胜利,表现出了一个年轻的革命者对抗战必胜的坚定信念。

金方昌牺牲后,晋察冀边区政府在1940年12月颁布命令,将金方昌生前战斗过的大西庄村改名为"方昌村"。

踏着英雄的足迹
——董存瑞及其战友、外甥的故事

在战火中成长

董存瑞是在解放战争时期壮烈牺牲的一位革命烈士。

1929年10月15日,董存瑞出生在河北省怀来县的一个小山村里。小时候因为家里穷,他只读过一年书。11岁的时候,他在家乡南山堡村参加了儿童团,还被选为儿童团团长。13岁时,他曾机智地掩护区委书记躲过了日本鬼子的追捕,被乡亲们称赞为

"抗日小英雄"。

1945年7月,董存瑞光荣地参加了八路军。他的青春在战火中得到了淬炼,短短几年里,他就从一个穷苦人家出身的孩子,成长为一名数次出生入死、屡屡荣立战功的优秀战士和党员。

1947年年初,他参加了著名的长安岭狙击战。当时,这场战斗打得十分激烈和残酷,他所在的那个班的班长牺牲了,副班长也受了重伤。紧急关头,董存瑞挺身而出,担任临时班长,率领全班战士和敌人进行了殊死的较量,最后赢得了这场狙击战的胜利,立了一次大功。

一年之后,董存瑞已经成长为一名真正的班长,他带领的六班苦练杀敌的本领,还被师部授予了"董存瑞练兵模范班"的称号。

1948年5月25日黎明时分,一场攻打隆化县城

的激烈战斗打响了。战斗刚开始，我军的炮弹像长了眼睛一样，一发发落在敌人的工事上开了花。这时候，董存瑞带领爆破组三名战士，正夹着炸药包，趴在堑壕里待命冲击。

在猛烈的炮火掩护下，冲击的时刻到了。董存瑞带领爆破组一跃而出，迅速冲了上去。他的战友郅顺义，还有一班班长等担任掩护和支援任务的战士，一步不落地紧跟在后面。

没过多久，敌人的机枪开始疯狂扫射，严密封锁着战士们前进的道路。还没有接近第一座炮楼，一名爆破手就倒下去了。在接近炮楼时，又一名爆破手牺牲了。

董存瑞急得眼睛里似乎冒出了火光，他回头望望后面的战友，压低声音对身边的郅顺义说："老郅，你掩护，我冲上去！"

"好!"郅顺义迅速扔出了几颗手榴弹。董存瑞抱着炸药包,又是一跃而起,钻进了滚滚浓烟里,不一会儿就扑到了敌人的炮楼跟前,迅速支好炸药包,拉燃导火索,然后翻身一滚,滚进观察好的一块凹地里。

"轰"的一声巨响,第一座炮楼被炸毁了。爆音刚落,烟尘还没有散,一班班长就冒着弹雨,给董存瑞送来了第二包炸药。紧接着,郅顺义和几个战士又接二连三地向敌人的火力点投掷了手榴弹。

董存瑞在一班班长及其他战友的支援下,一鼓作气又炸掉了三座炮楼和五座碉堡,胜利完成了爆破任务。

这时候,隆化中学东北角的外围已经被我军打开了。就在战士们发起冲锋的时候,隆化中学外侧的一座桥上突然喷出六条火舌,拦住了发起冲锋的战士。

原来,狡猾的敌人在紧靠围墙外一条干枯的河床上,用钢筋水泥构筑了一座伪装得十分巧妙、很难被发现的桥形碉堡。冲锋的部队被压在一个小土坡下面抬不起头。战友刘祥也被子弹击中了。

看到刘祥倒在地上,董存瑞不顾一切,迅速奔到刘祥身边,把他救了回来。这时候,刘祥的呼吸已经非常困难,他微微睁开眼睛,吃力地说:"班长……那座桥形碉堡,你快……快把它炸掉……"话没说完就停止了呼吸。

董存瑞紧紧抱着刘祥的遗体,大声地呼唤着他的名字,可是,回答他的只有敌人疯狂的机枪声。

这时候,董存瑞擦干了眼泪,瞪着血红的眼睛,盯着那座桥形碉堡,眼里迸发出仇恨的火花。

他心里很清楚,不炸毁桥形碉堡,就接近不了隆

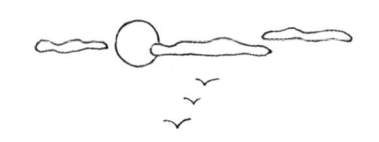

化中学,战友们的进攻就会受阻,而且还可能造成更大的伤亡。现在,一分一秒都不能犹豫了。于是,他猛然跳到白副连长跟前,怒吼着:"副连长,我去炸掉它!"

"副连长,这里的地形我熟悉,我有决心干掉它!"李振德也抱着炸药包奔过来了。

"我去炸掉它!"

"我去!"

"我去!"

更多的战士大声喊着。

白副连长扫视了大家一遍,决定派李振德去,叫另一个战士协助爆破。

不料,跟李振德去的战士中途负了重伤。李振德回头看了看,没耽搁,继续向前冲。敌人的子弹像雨点般打来,李振德抱着炸药包,机智地朝前跃进,眼

看就要冲过那段封锁区了。就在这时,一颗子弹打中了炸药包上的雷管,只听"轰"的一声,李振德倒了下去。

这时,团部下了紧急命令:兄弟部队已突进隆化中学附近,六连必须火速从东北角插进去,紧密配合战斗。

董存瑞一听,拳头攥得"嘎巴"响,他一步跨到白副连长的面前:"连长,让我去吧,我一定干掉它!"

郅顺义也一再要求:"我来掩护!"

一旁的指导员望着满头大汗、浑身是烟尘的董存瑞,说:"不,另派一个组去吧!"

董存瑞惊愕地问:"为啥?"

"你们已经出色地完成了任务,要歇一会儿。"指导员耐心地解释着。

"指导员!"董存瑞急得几乎喊了起来,"我是一

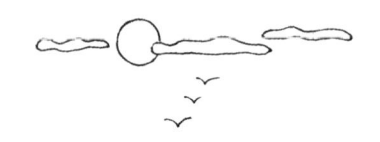

名共产党员，我的任务不是只炸掉几座碉堡，是要解放全中国！可现在隆化还没有解放，怎能算完成了任务？这个节骨眼儿上，我哪里歇得下呀！"

听到这里，指导员再一次看了看董存瑞：是呀，这是一名多么勇敢的战士呀！在他面前，只有胜利，绝没有丝毫的犹豫和后退！

指导员转过身去，和白副连长合计了一下，然后握着董存瑞的手说："好，这个任务就交给你了，党支部相信你一定能够炸掉它，为部队扫清前进的障碍！"

"指导员，我保证完成任务！"董存瑞一边说着，一边从上衣兜里掏出一个小包，郑重地交给指导员，"如果我牺牲了，就把这枚奖章交给党组织，这点钱，就算我交的最后一次党费。"指导员接过小包，紧紧握着他的手说："不，我们都等着你胜利归来！"

为了新中国,冲啊!

董存瑞弯腰抱起炸药包,回头望了望连首长和战友们,倏地一下跃了出去。

阵地上,所有的机枪都向桥形碉堡一齐开了火。董存瑞和郅顺义互相配合着,在敌人的火力下迅速前进。郅顺义每甩出几颗手榴弹,董存瑞就向前跃进几步;再甩几颗,再跃进几步。一班班长和几名战士在后面及时地把一捆捆手榴弹送到郅顺义手里。

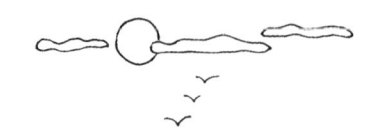

桥形碉堡里敌人的机枪扫射得更加疯狂了。子弹不断地从董存瑞耳边掠过。在快要冲进开阔地时,董存瑞指着前面一个小土堆,对郅顺义说:"你就在这里掩护我。"说着,两人爬到土堆跟前,隐蔽起身子,观察着剩下的一段需要冲锋的道路。

前面这片开阔地,是敌人封锁最严密的地段。过了这片开阔地就是干河沟,一旦冲到那里,就进入了火力死角,敌人的机枪就无可奈何了。

董存瑞看好了通向敌人碉堡的这段险要道路,脸上露出庄严的表情。他沉着而平静地对郅顺义说:"老郅,万一我有个意外,你要接替我完成任务。还有,请你转告党支部,我建议追认李振德为共产党员,他生前申请过入党,我是他的介绍人。他和刘祥的家里都很困难,请上级转请地方政府照顾一下。"

郅顺义强忍着眼泪,点着头说:"班长,我都记住

了！"

"好,老郅,投弹掩护!"

郅顺义抓起身边早已拧开盖的手榴弹,奋力甩了出去,把敌人碉堡前的铁丝网炸得稀烂。趁着这机会,董存瑞冲进了那片开阔地。郅顺义顾不得隐蔽自己,一颗接一颗地扔出了手榴弹。董存瑞借着手榴弹炸起的烟尘疾速跃进,猛地一下跳进干河沟,几步就蹿到了桥形碉堡底下。

董存瑞抱着炸药包,向四面环视一圈,想找个合适的地方安放炸药,可是,这桥离地有一人多高,两边是光滑的桥墩,炸药包放到高处没地方搁,放在平地又不显威力。他转着身子四下打量着,想找个什么东西做支架,可是附近不要说木棒,就连根秫秸也找不到呀!

郅顺义在不远处看着这一切,急得眼里直冒火。

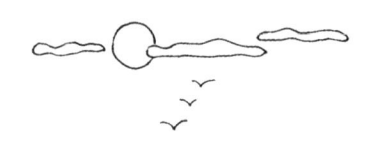

就在这时候,嘹亮的冲锋号声响起,惊天动地的喊杀声由远而近,不用说,后续部队的进攻开始了!

面临灭亡的敌人已经开始了最后的疯狂,桥形碉堡上的砖头一块一块被捅开,桥壁上又多出了十几个暗枪眼,"突突"地喷着火舌。

董存瑞回头看看潮水般冲上来的战友,又看看桥形碉堡里喷射出的火光,心里只有一个念头:为了胜利,为了新中国,就是自己粉身碎骨,也要把敌人的碉堡炸掉!

这时候,郅顺义看到,董存瑞不再犹豫,他大步跨到了桥底中央,毅然决然地用左手托起炸药包,右手猛地拉着了导火索……

导火索"哧哧"地冒着火花,急速烧向炸药包。董存瑞泰然自若地屹立着,高高地举着炸药包,像钢打铁铸的巨人一样,岿然不动。

董存瑞的一举一动,郅顺义都看在眼里。他知道炸药包的导火索仅能燃烧短短的七秒钟,他更清楚这一大包炸药具有多么大的威力。一股巨大的力量冲击着他,郅顺义不顾一切地跳下干河沟,向桥下的战友奔去。

董存瑞看见了,对郅顺义大声喊道:"快卧倒!老郅,你快趴下!"紧接着,他用全身的力量,高声喊道:"同志们,为了新中国,冲啊!"

随着一声天崩地裂般的巨响,一团团浓烟冲上了天空。郅顺义觉得脑子里"嗡"的一声,眼前一片烟雾。等他再抬头一看,眼前的桥形碉堡没有了,英雄的战友董存瑞,用自己年轻的生命,为战友们开辟了冲向胜利的道路。

踏着这条道路,成千上万的战友冲上来了。"为了新中国,冲啊!"战友们高喊着这个震撼山河的口

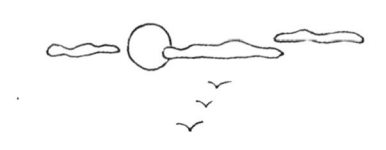

号,像所向披靡的铁流一般,冲进了隆化县城……

隆化县城解放了!高高飘扬的战旗上,仿佛还染着英雄董存瑞的热血。

1948年6月8日,部队追认董存瑞为战斗英雄、模范共产党员,命名六连六班为"董存瑞班"。7月10日,当时的冀热察行署也做出决定,把隆化中学改名为"存瑞中学"。

亲爱的战友

在电影《董存瑞》中，和董存瑞一起入伍参军的亲密战友"郅振标"这个人物的原型，就是战斗英雄郅顺义。电影里的董存瑞和郅振标是十八九岁的小哥儿俩。实际上，郅顺义入伍时已近而立之年，比董存瑞大十几岁，但经过多次战斗的考验，他俩成了最亲密的战友。

1948年5月，部队决定攻打隆化县城。战斗前，

在六连的"挂帅点将"大会上,六班班长董存瑞被选为"爆破元帅"(爆破组组长),他当即点名让七班班长郅顺义当"突击大将"(突击组组长)。战斗中,郅顺义率领突击组,随爆破组攻击前进,掩护爆破。在连续炸毁了敌人的四座炮楼、五座碉堡后,郅顺义又独自一人掩护董存瑞冲到了桥下,亲眼看到了董存瑞舍身炸碉堡的壮举。

英雄的操守不仅仅表现在战场上。董存瑞牺牲后,作为他的战友,郅顺义在后来五十多年的岁月里,在军内外做过数千次英雄事迹报告,可他从不讲自己的战功。每次讲到隆化战斗时,他都突出讲述董存瑞的英雄事迹,以至于人们往往以为,他成为一名"全国战斗英雄",仅仅是因为掩护了董存瑞炸碉堡,甚至被认为是"沾了董存瑞的光"。而事实上,郅顺义被中央军委授予"全国战斗英雄"称号,绝不仅

仅是掩护了董存瑞炸碉堡这一件事。在解放战争中，郅顺义英勇作战，先后立过十二次战功，还荣获了"毛泽东奖章"等。

郅顺义刚入伍时，穿着一身破旧的衣服。战友董存瑞看见了，就把舍不得穿的一套旧军装和一双新鞋送给了他，自己却穿着比这更旧的衣服和打了补丁的鞋子。有一次，为了追击一股逃窜的敌人，战士们一天一宿都没吃上饭。董存瑞把领到的一点儿黑豆煮熟了，分给了大家，自己却只喝了一点儿汤。

郅顺义在心里一直记着这些，时刻提醒自己："这是六班班长董存瑞传给我的革命传统。一个革命战士，就要永远吃苦在前、享受在后，对待同志要关心爱护、亲如兄弟。"

在部队这个大熔炉里，郅顺义像自己的战友董存瑞一样，在一次次战火中百炼成钢，成了一名打不

倒、摧不垮的"钢铁战士"。

在解放隆化县城的战斗中,董存瑞英勇牺牲了,一连几天,郅顺义都吃不下饭、睡不好觉,眼前不时闪过董存瑞左手托起炸药包,右手拉燃导火索的那一幕。"为了新中国,冲啊!"董存瑞最后的呼喊,也总是在他的耳边回响。

1948年9月,郅顺义所在的部队担负攻克昌黎、切断北宁线、阻敌增援锦州的任务。

昌黎火车站有一座中心炮楼,周围有暗堡、铁丝网防卫。中心炮楼居高临下,可以控制整个车站和周围地区。摧毁这座炮楼,对于夺取昌黎至关重要。当时担任六连七班班长的郅顺义,主动要求负责爆破中心炮楼。

那天晚上九时,战斗打响了。郅顺义带领三名战士,快速穿过了敌人的火力封锁线,神不知鬼不觉地

潜伏到了中心炮楼下。就在他们准备行动的时候,敌军有个哨兵端着枪走了过来。

不好!如果被发现了,势必会影响到整个战斗部署。关键时刻,郅顺义毫不犹豫,猛扑过去,以迅雷不及掩耳的速度消灭了这个哨兵。然后,他和战友们炸毁了中心炮楼,完成了原定的爆破计划,为连队攻占火车站扫清了障碍。

昌黎守敌仓皇逃跑时,郅顺义发现有一股敌人钻进了一座大院。这座大院四面都是高墙,只有大门虚掩着。郅顺义带领七名战士堵住了大门,然后故意提高嗓门儿喊道:"七班堵住大门,八班向左,九班向右,把院子重重包围起来!"

说完,他一脚踹开大门,端着冲锋枪就冲进了院里,先是朝天打了一梭子,然后从腰间拽出一颗手榴弹,把导火索套在手指上,厉声喊道:"你们被包围

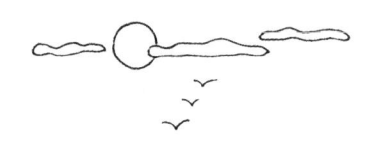

了,解放军优待俘虏,缴枪不杀!"

躲藏在里面的敌人被郅顺义的气势镇住了,一个个举着双手走出来投降了。这次战斗打得十分漂亮,几乎没有费什么枪弹。战友们一清点,共俘敌148人,缴获长短枪百余支。战士们都说:"这一仗打得真是轻松、利落,全靠郅班长的机智勇敢!"

可是,在后来的岁月里,郅顺义对自己的事迹,从来闭口不谈,他也从不把战斗的功绩和荣誉归于个人。他说,那样怎么对得起那些牺牲了的战友呢?

可不能给你英雄的舅舅丢脸

在 2020 年春天抗击新冠肺炎疫情的"战场"上,有一位身份特殊的"战士"不幸牺牲在了抗疫一线。

他就是家喻户晓的战斗英雄董存瑞的外甥、北京市公安局法制总队信访支队的一位普通民警,他的名字叫艾冬。

舅舅董存瑞舍身炸毁敌人碉堡的故事,艾冬从小就耳熟能详。当他穿上警服,成了一位人民警察

后,母亲也常叮嘱他说:"工作上一定要有上进心,对自己要求要更高,路也不能走偏,关键时刻,一定要冲得上去,可不能给你英雄的舅舅丢脸!"

英雄的家风,红色的基因,在这位青年民警身上得到了默默的延续和传承。

牺牲之前,艾冬已经是北京市公安局系统的业务骨干和先锋,还被评为2019年度首都公安"法制之星"。

2020年春节期间,全国人民都在因四处蔓延的疫情揪心。艾冬作为身在一线的民警,变得更加忙碌了。他负责的是"12345"热线的"接诉即办"工作。随着抗击疫情的诉求派单越来越多,他连续数天,几乎日夜不眠地顶在一线上。

屈指一算,他有近一个月的时间没有回家看望已经八旬的老母亲了。腊月二十九这天晚上,有了同

事的替换,他匆匆赶回家,陪年迈的母亲吃了一顿饺子,权当是吃了年夜饭,然后又穿好制服,跟母亲道别,迅速回到了自己的岗位上……

可是,谁也没有料到,这竟是他和自己母亲的永别。

2月15日,艾冬像往常一样,又匆匆投入到紧张的工作中。突然,他感到身体一阵急剧的难受。他努力地想支撑住身体,可是没有成功,扑通一声,他重重地摔倒在地上……

被紧急送往医院后,经医生诊断,艾冬是急性脑出血!

接下来的几天里,医生们虽然全力抢救,但无力回天。2月22日凌晨,当首都的人们大都沉浸在睡梦中时,这位勇于担当的人民警察,永远地闭上了眼睛……

他的舅舅董存瑞烈士牺牲时还不满19岁。2020年,艾冬也只有45岁,正是年富力强的时候。

英雄的家风,在这位人民警察和抗疫英雄身上,再次闪烁出无声却耀眼的光芒。